四川省工程建设地方标准

四川省工程建设从业人员资源信息数据标准

DBJ 51/T 028 – 2014

Standard for basic data of staff and workers management of engineering construction field of Sichuan Province

主编单位：四川省建设科技发展中心
批准部门：四川省住房和城乡建设厅
施行日期：2014 年 12 月 1 日

西南交通大学

2014 成都

图书在版编目（C I P）数据

四川省工程建设从业人员资源信息数据标准 / 四川省建设科技发展中心主编. —成都：西南交通大学出版社，2015.1

ISBN 978-7-5643-3538-0

Ⅰ. ①四… Ⅱ. ①四… Ⅲ. ①建筑工程 – 从业人员 – 信息资源 – 数据 – 标准 – 四川省 Ⅳ. ①TU-65

中国版本图书馆 CIP 数据核字（2014）第 262731 号

四川省工程建设从业人员
资源信息数据标准

主编单位　四川省建设科技发展中心

责任编辑	杨　勇
助理编辑	胡晗欣
封面设计	原谋书装
出版发行	西南交通大学出版社 （四川省成都市金牛区交大路 146 号）
发行部电话	028-87600564　028-87600533
邮政编码	610031
网　　址	http://www.xnjdcbs.com
印　　刷	成都蜀通印务有限责任公司
成品尺寸	140 mm × 203 mm
印　　张	2.25
字　　数	58 千字
版　　次	2015 年 1 月第 1 版
印　　次	2015 年 1 月第 1 次
书　　号	ISBN 978-7-5643-3538-0
定　　价	25.00 元

各地新华书店、建筑书店经销

关于发布四川省工程建设地方标准《四川省工程建设从业人员资源信息数据标准》的通知

川建标发〔2014〕468号

各市州及扩权试点县住房城乡建设行政主管部门、各有关单位：

由四川省建设科技发展中心主编的《四川省工程建设从业人员资源信息数据标准》，已经我厅组织专家审查通过，现批准为四川省推荐性工程建设地方标准，编号为：DBJ 51/T028－2014，自2014年12月1日起在全省实施。

该标准由四川省住房和城乡建设厅负责管理，四川省建设科技发展中心负责技术内容解释。

四川省住房和城乡建设厅

2014年9月9日

前　言

根据四川省住房和城乡建设厅《关于下达四川省工程建设地方标准〈四川省建筑市场监管平台数据库数据标准〉编制计划的通知》（川建标发〔2011〕303号）要求，标准编制组进行了深入的调查研究，充分应用省内外住房城乡建设信息化科研成果和实践经验，并广泛征求了意见。为便于按不同的业务类型使用标准，标准编制组建议将《四川省建筑市场监管平台数据库数据标准》分为《四川省工程建设从业企业资源信息数据标准》《四川省工程建设从业人员资源信息数据标准》《四川省房屋建筑与市政基础设施建设项目管理基础数据标准》，并经审查委员会审查同意。

本标准共分为6章和2个附录。主要内容是：总则，术语，数据元组成，数据元分类，数据元描述和数据元集等。

本标准由四川省住房和城乡建设厅负责管理，四川省建设科技发展中心负责具体技术内容解释。本标准在执行过程中，请各单位结合工程实践，注意总结经验，积累资料，随时将有关意见和建议反馈给四川省建设科技发展中心（地址：成都市人民南路四段36号；邮编：610041；联系电话：028-85521239；邮箱：ranxj@163.com），以供今后修订时参考。

本标准主编单位：四川省建设科技发展中心

本标准参编单位：四川省金科成地理信息技术有限公司

成都金阵列科技发展有限公司

本标准主要起草人：薛学轩　游　炯　李　斌　冉先进

魏军林　王文才　杨　勇　汪小泰

曾天绍　任墨海　韩晓东　温　敏

本标准主要审查人：向　学　邓绍杰　徐　慧　罗进元

孔　燕　冯　江　崔红宇　金　石

张春雷

目　次

Contents

1 总 则

1.0.1 为了实现四川省工程建设从业人员资源信息数据的标准化和规范化，便于四川省工程建设从业人员资源信息交换和资源共享，制定本标准。

1.0.2 本标准适用于四川省工程建设从业人员管理过程中的资源信息数据标识、分类、编码、存储、检索、交换、共享和集成等数据处理工作。

1.0.3 从业人员包括从业注册人员和和从业非注册人员。

1.0.4 数据元的注册应符合现行国家标准《信息技术数据元的规范和标准化》（GB/T 18391）的规定。

1.0.5 本标准与国家法律、行政法规的规定相抵触时，应按国家法律、行政法规的规定执行。

1.0.6 四川省工程建设从业人员除应按本标准执行外，尚应符合国家现行有关标准的规定。

2 术 语

2.0.1 工程建设人员 construction personnel

工程建设单位的董事长、总经理、副总经理、总监、副总监、技术负责人、项目负责人、质量负责人、安全负责人、注册人员、有职称人员、技术工人等。

2.0.2 人员资源信息数据 resource information data of personnel

工程建设从业人员管理过程中需要存储、交换和共享的人员属性信息。

2.0.3 数据元 data element

用一组属性描述起定义、标识、表示和允许值的数据表单。

2.0.4 标识符 identifier

分配给数据元唯一的标识符。

2.0.5 中文名 chinese name

数据元的中文名称。

2.0.6 类型 type

由数据元操作决定的用于采集字母、数字和符号的格式，以描述数据元的值。

2.0.7 值域 value domain

允许值的集合。

2.0.8 描述 description

对字段特殊规定的解释。

3 数据元组成

3.0.1 数据元由标识符、中文名、类型、值域、描述等组成。

3.0.2 数据元的标识符、中文名应保持唯一性。

4 数据元分类

4.0.1 数据元的分类应以四川省工程建设从业人员管理业务现状及发展需求为基础，且应以国家现行有关标准为依据。

4.0.2 四川省工程建设从业人员的数据元标示位为“2”。

4.0.3 数据元分类代码及分类名称应符合表 4.0.3 的规定。

表 4.0.3 数据元分类代码及分类名称

分类代码	分类名称	分类代码	分类名称
01	人员基本信息	08	继续教育情况
02	工作单位情况	09	工作简历情况
03	基本证书信息	10	代表工程业绩
04	从业证书信息	11	在建工程项目
05	资格证书信息	12	人员信用信息
06	注册证书信息	13	科研发明成果
07	注册专业信息	99	其他

5 数据元描述

5.0.1 数据元标识符应以数据元分类代码和数据元在该分类内的编号组成（图 5.0.1）。编号由 4 位自然数组成，从 0001 开始按顺序由小到大连续编号。

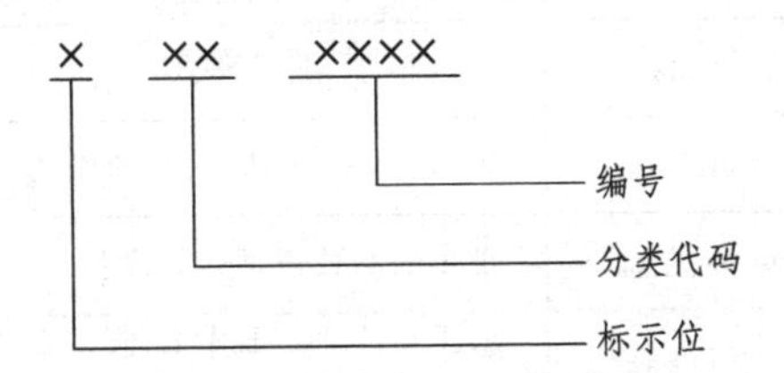

图 5.0.1 数据元标识符组成方式

5.0.2 数据类型应为字符型、数字型、日期型、日期时间型、数值型、布尔型、文本型、浮点型八种类型之一。各数据类型的可能取值应符合表 5.0.2 的规定。

表 5.0.2 数据类型的可能取值

数据类型	可 能 取 值
字符型	通过字符形式表达的值
数字型	通过从“0”到“9”数字形式表达的值
日期型	通过 YYYY-MM-DD 的形式表达的值的类型
日期时间型	通过 YYYY-MM-DD hh:mm:ss 的形式表达的值的类型
数值型	指字段是数字型，长度为 *a*，小数为 *b* 位
布尔型	两个且只有两个表明条件值 True/False
文本型	包括文本类型二进制的具体格式
浮点型	当计算的表达式有精度要求时被使用

5.0.3 数据元值的表示格式及含义应符合表5.0.3的规定。

表5.0.3 数据元值的表示格式及含义

数据类型	表示格式	含 义
字符型	Varchar（*a*）	*a*表示该数据元允许的最大规格或者长度
数字型	Int	表示确定*a*个长度的整型数字
日期型	Data	表示年-月-日的格式
日期时间型	DataTime	表示年-月-日时:分:秒的格式
数值型	Decimal（*a*，*b*）	带小数的数值型，长度为*a*，小数为*b*位
布尔型	Boolean	用True/False表示真/假、是/否、正/负、男/女等一一对应的两组数据
文本型	Text	表示txt文本的具体格式
浮点型	Float	用浮点数字，也就是实数（real）来表达的值的类型，当计算的表达式有精度要求时被使用，*m*表示精确位数

5.0.4 数据元值域的给出宜符合以下规定：

1 宜由国家现行有关标准规定的值域注册机构给出；

2 当值域注册机构没有给出时，宜通过国家现行有关标准规定的规则间接给出。

5.0.5 数据元版本标识符的编写格式以及版本控制宜遵循以下原则：

1 数据元的版本是由阿拉伯数字字符和小数点字符组成的字符串。

2 数据元的版本至少包含两个阿拉伯数字字符和一个小数点字符，且宜用小数点字符前的自然数表示主版本号、用小数点字符后的自然数表示次版本号。

3 当数据元的某些属性发生变化时，该数据元的版本标识符应进行相应改变。

4 数据元的版本标识符改变规则宜按现行国家标准《电子政务数据元》（GB/T 19488）的有关规定执行。

5. 0. 6 本标准所列的数据元版本标识符为“1.0”。

6 数据元集

6.1 一般规定

6.1.1 本章各表中引用的值域应从附录 A 属性值字典表对应的表中查询。

6.1.2 在使用本标准时应按附录 B 数据交换接口共享数据。

6.2 人员基本信息

6.2.1 人员基本信息数据应包括四川省工程建设从业人员管理过程中需要在企业间或与行业主管部门之间交换和共享的人员基本信息数据元。

6.2.2 人员基本信息数据元应包含表 6.2.2 中的内容。

表 6.2.2 人员基本信息

标识符	中文名	类 型	值 域	描 述
2010001	人员编号	Varchar(36)		PK
2010002	姓名	Varchar(50)		
2010003	企业名称	Varchar(100)		
2010004	组织机构代码	Varchar(20)	GB 11714 - 1997 全国组织机构代码编制规则	
2010005	企业编码	Varchar(36)		

续表 6.2.2

标识符	中文名	类型	值域	描述
2010006	证件类型	Varchar(50)	A.2	码表 A.2
2010007	证件编号	Varchar(50)		
2010008	性别	Boolean	GB/T 2261.1－2003 个人基本信息分类与代码 第1部分：人的性别代码	
2010009	出生日期	Date		YYYY-MM-DD
2010010	民族	Varchar(50)	GB/T3304－1991 中国各民族名称的罗马字母拼写法和代码	
2010011	住址	Varchar(50)		
2010012	职务	Varchar(50)		
2010013	毕业院校	Varchar(80)		
2010014	毕业日期	Date		YYYY-MM-DD
2010015	所学专业	Varchar(80)		
2010016	毕业证书编号	Varchar(80)		
2010017	联系地址	Varchar(200)		
2010018	邮政编码	Varchar(20)		
2010019	电子邮箱	Varchar(100)		
2010020	办公电话	Varchar(30)		
2010021	个人电话	Varchar(30)		
2010022	照片 URL	Varchar(200)		

续表 6.2.2

标识符	中文名	类型	值域	描述
2010023	人员状态	Varchar(50)		
2010024	职称	Varchar(50)	A.3	码表 A.3
2010025	取得职称日期	Date		YYYY-MM-DD
2010026	职称证书编号	Varchar(50)		
2010027	学历	Varchar(50)	GB/T 4658 – 2006 学历代码	
2010028	学位	Varchar(50)	GB/T 6864 – 2003 中华人民共和国学位代码	
2010029	学位证书编号	Varchar(50)		
2010030	备注	Text		

6.3 工作单位情况

6.3.1 工作单位情况应包括单位名称、单位属地、单位性质、法人代表、注册地址等需要交换和共享的数据元。

6.3.2 工作单位情况数据元应包含表 6.3.2 中的内容。

表 6.3.2 工作单位情况

标识符	中文名	类型	值域	描述
2020001	人员编号	Varchar(36)		PK
2020002	组织机构代码	Varchar(20)	GB 11714－1997 全国组织机构代码编制规则	
2020003	企业名称	Varchar(100)		
2020004	企业编码	Varchar(50)		
2020005	企业类型	Varchar(30)		
2020006	经济性质	Varchar(50)		
2020007	隶属关系	Varchar(50)	A.10	码表 A.10
2020008	主管部门	Varchar(100)		
2020009	注册地址	Varchar(200)		
2020010	注册地址邮政编码	Varchar(6)		
2020011	联系电话	Varchar(30)		
2020012	传真	Varchar(30)		
2020013	电子邮件	Varchar(30)		
2020014	营业执照注册号	Varchar(50)		
2020015	营业执照发证机关	Varchar(50)		
2020016	法人代表人	Varchar(30)		
2020017	法人代表人手机号	Varchar(30)		
2020018	企业状态	Varchar(30)		
2020019	备注	Text		

6.4 基本证书信息

6.4.1 基本证书信息应包括人员的基本身份证明、学历证书、学位证书、职称证书的证书编号、发证日期和有效期等需要交换和共享的数据元。

6.4.2 基本证书信息数据元应包含表 6.4.2 中的内容。

表 6.4.2 基本证书信息

标识符	中文名	类型	值域	描述
2030001	证书编号	Varchar(36)		PK
2030002	人员编号	Varchar(36)		
2030003	姓名	Varchar(50)		
2030004	证件编号	Varchar(18)		
2030005	性别	Boolean	GB/T 2261.1－2003 个人基本信息分类与代码 第1部分：人的性别代码	
2030006	职务	Varchar(100)		
2030007	证书类型	Varchar(14)		
2030008	证书号	Varchar(100)		
2030009	证书有效期开始日期	Date		YYYY-MM-DD
2030010	证书有效期结束日期	Date		YYYY-MM-DD
2030011	发证日期	Date		YYYY-MM-DD
2030012	发证机关	Varchar(100)		
2030013	证书状态	Int	A.1	码表 A.1
2030014	备注	Text		

6.5 从业证书信息

6.5.1 从业证书信息应包括人员已取得的非注册类证书类型、证书级别、证书编号以及证书的有效期等需要交换和共享的数据元。

6.5.2 从业证书信息数据元应包含表 6.5.2 中的内容。

表 6.5.2 从业证书信息

标识符	中文名	类型	值域	描述
2040001	证书编码	Varchar(36)		PK
2040002	企业名称	Varchar(100)		
2040003	企业编码	Varchar(36)		
2040004	人员编号	Varchar(36)		
2040005	姓名	Varchar(50)		
2040006	证件编号	Varchar(18)		
2040007	性别	Boolean	GB/T 2261.1 - 2003 个人基本信息分类与代码 第 1 部分：人的性别代码	
2040008	证书类型	Varchar(14)		
2040009	证书号	Varchar(100)		
2040010	专业	Varchar(50)		
2040011	证书有效期开始日期	Date		YYYY-MM-DD
2040012	证书有效期结束日期	Date		YYYY-MM-DD
2040013	发证日期	Date		YYYY-MM-DD
2040014	发证机关	Varchar(100)		
2040015	证书状态	Int	A.1	码表 A.1
2040016	备注	Text		

6.6 资格证书信息

6.6.1 资格证书信息应包括人员已取得的资格证书类型、证书级别、证书编号以及证书的有效期等需要交换和共享的数据元。

6.6.2 资格证书信息数据元应包含表6.6.2中的内容。

表6.6.2 资格证书信息

标识符	中文名	类型	值域	描述
2050001	证书编码	Varchar(36)		PK
2050002	人员编号	Varchar(36)		
2050003	姓名	Varchar(50)		
2050004	身份证号	Varchar(18)	GB 11643－1999 公民身份号码	
2050005	性别	Boolean	GB/T 2261.1－2003 个人基本信息分类与代码 第1部分：人的性别代码	
2050006	出生日期	Date		YYYY-MM-DD
2050007	证书类型	Varchar(14)		
2050008	证书级别	Varchar(100)		
2050009	证书号	Varchar(100)		
2050010	专业	Varchar(50)		
2050011	发证日期	Date		YYYY-MM-DD
2050012	发证机关	Varchar(100)		
2050013	证书状态	Int	A.1	码表A.1
2050014	备注	Text		

6.7 注册证书信息

6.7.1 注册证书信息应包括人员已取得的注册类证书类型、证书级别、证书编号以及证书的有效期等需要交换和共享的数据元。

6.7.2 注册证书信息数据元应包含表 6.7.2 中的内容。

表 6.7.2 注册证书信息

标识符	中文名	类型	值域	描述
2060001	证书编码	Varchar(36)		PK
2060002	企业名称	Varchar(100)		
2060003	企业编码	Varchar(36)		
2060004	人员编号	Varchar(36)		
2060005	姓名	Varchar(50)		
2060006	证件编号	Varchar(18)	GB 11643－1999 公民身份号码	
2060007	性别	Boolean	GB/T 2261.1－2003 个人基本信息分类与代码 第 1 部分：人的性别代码	
2060008	出生日期	Date		YYYY-MM-DD
2060009	证书类型	Varchar(14)		
2060010	证书级别	Varchar(100)		
2060011	证书号	Varchar(100)		

续表 6.7.2

标识符	中文名	类型	值域	描述
2060012	注册证书号	Varchar(100)		
2060013	印章号	Varchar(100)		
2060014	证书有效期开始日期	Date		YYYY-MM-DD
2060015	证书有效期结束日期	Date		YYYY-MM-DD
2060016	发证日期	Date		YYYY-MM-DD
2060017	发证机关	Varchar(100)		
2060018	证书状态	Int	A.1	码表 A.1
2060019	备注	Text		

6.8 注册专业信息

6.8.1 注册专业信息应包括人员已取得的专业类型以及专业的有效期等需要交换和共享的数据元。

6.8.2 注册专业信息数据元应包含表 6.8.2 中的内容。

表 6.8.2 注册专业信息

标识符	中文名	类型	值域	描述
2070001	专业信息编码	Varchar(36)		PK
2070002	人员编号	Varchar(36)		
2070003	姓名	Varchar(50)		

表 6.8.2 注册专业信息

标识符	中文名	类型	值域	描述
2070004	证书编号	Varchar(50)		
2070005	注册专业	Varchar(50)		
2070006	取得日期	Date		YYYY-MM-DD
2070007	有效期结束日期	Date		YYYY-MM-DD
2070008	批准机关	Varchar(100)		
2070007	状态	Int		码表 A.1
2070008	备注	Text		

6.9 继续教育情况

6.9.1 继续教育情况应包括培训开始和结束日期、培训机构、学些内容、学时、成绩等方面需要交换和共享的数据元。

6.9.2 继续教育情况数据元应包含表 6.9.2 中的内容。

表 6.9.2 继续教育情况

标识符	中文名	类型	值域	描述
2080001	培训编码	Varchar(36)		PK
2080002	企业名称	Varchar(100)		
2080003	企业编码	Varchar(36)		
2080004	人员编号	Varchar(36)		
2080005	姓名	Varchar(50)		

表 6.9.2 继续教育情况

标识符	中文名	类型	值域	描述
2080006	身份证号	Varchar(18)	GB 11643－1999 公民身份号码	
2080007	培训班名称	Varchar(100)		
2080008	培训开始日期	Date		YYYY-MM-DD
2080009	培训结束日期	Date		YYYY-MM-DD
2080010	培训机构	Varchar(100)		
2080011	学习内容	Text		
2080012	地点	Varchar(150)		
2080013	课程性质	Varchar(50)		
2080014	选修学时	Int		
2080015	必修学时	Int		
2080016	培训结果	Varchar(50)		
2080017	合格证书号	Varchar(50)		
2080018	备注	Text		

6.10 工作简历情况

6.10.1 工作简历信息应包括人员所在企业及调动情况等需要交换和共享的数据元。

6.10.2 工作简历信息数据元应包含表 6.10.2 中的内容。

表 6.10.2 工作简历信息

标识符	中文名	类型	值域	描述
2090001	简历编码	Varchar(36)		PK
2090002	人员编号	Varchar(36)		
2090003	姓名	Varchar(50)		
2090004	证件编号	Varchar(18)	GB 11643 - 1999 公民身份号码	
2090005	企业名称	Varchar(100)		
2090006	企业编码	Varchar(36)		
2090007	企业属地	Varchar(50)		
2090008	转入日期	Date (100)		YYYY-MM-DD
2090009	转出日期	Date (50)		YYYY-MM-DD
2090010	担任职务	Date		YYYY-MM-DD
2090011	备注	Text		

6.11 代表工程业绩

6.11.1 代表工程业绩应包括工程名称、工程属地、建设单位、工程负责人、施工单位、监理单位、勘察设计单位等需要交换和共享的数据元。

6.11.2 代表工程业绩数据元应包含表 6.11.2 中的内容。

表 6.11.2 代表工程业绩

标识符	中文名	类型	值域	描述
2100001	业绩编码	Varchar(36)		PK
2100002	企业名称	Varchar(100)		
2100003	企业编码	Varchar(36)		
2100004	企业属地	Varchar(50)		
2100005	人员编号	Varchar(36)		
2100006	姓名	Varchar(50)		
2100007	职务	Varchar(20)		
2100008	项目编码	Varchar(60)		
2100009	项目名称	Varchar (200)		
2100010	项目属地	Varchar (50)		
2100011	项目地址	Varchar (200)		
2100012	建设单位	Varchar (100)		
2100013	合同价	Float		万元
2100014	结算价格	Float		万元
2100015	项目规模	Varchar(20)		
2100016	项目负责人	Varchar(20)		
2100017	技术指标	Text		
2100018	项目类别	Varchar(50)		
2100019	开工日期	Date		YYYY-MM-DD
2100020	竣工日期	Date		YYYY-MM-DD
2100021	评定结果	Varchar(50)		
2100022	备注	Text		

6.12 在建工程项目

6.12.1 在建工程项目信息应包括工程名称、工程属地、建设单位、工程负责人、施工单位、监理单位、勘察设计单位等需要交换和共享的数据元。

6.12.2 在建工程项目数据元应包含表6.12.2中的内容。

表6.12.2 在建工程项目

标识符	中文名	类型	值域	描述
2110001	企业名称	Varchar(100)		
2110002	企业编码	Varchar(36)		
2110003	人员编号	Varchar(36)		
2110004	姓名	Varchar(50)		
2110005	身份证号	Varchar(18)	GB 11643－1999 公民身份号码	
2110006	职务	Varchar(20)		
2110007	项目编码	Varchar(60)		PK
2110008	项目名称	Varchar(100)		
2110009	项目所在地	Varchar(50)		
2110010	项目地址	Varchar(200)		
2110011	建设单位	Varchar(100)		
2110012	项目规模	Varchar(50)		
2110013	项目负责人	Varchar(20)		
2110014	技术指标	Varchar(50)		

续表 6.12.2

标识符	中文名	类型	值域	描述
2110015	开工日期	Date		YYYY-MM-DD
2110016	计划竣工日期	Date		YYYY-MM-DD
2110017	计划工期	Int		天（日历天）
2110018	施工单位	Varchar(100)		
2110019	勘察单位	Varchar(100)		
2110020	设计单位	Varchar(100)		
2110021	监理单位	Varchar(100)		
2110022	代理机构	Varchar(100)		
2110023	备注	Text		

6.13 人员信用信息

6.13.1 人员信用信息应包括人员优良行为信息、人员不良行为信息和人员信用评价信息方面需要交换和共享的数据元。

6.13.2 人员优良行为信息数据元应包含表 6.13.2 中的内容。

表 6.13.2 人员优良行为信息

标识符	中文名	类型	值域	描述
2120001	记录编码	Varchar(36)		PK
2120002	企业名称	Varchar(100)		
2120003	企业编码	Varchar(36)		

续表 6.13.2

标识符	中 文 名	类 型	值 域	描 述
2120004	企业属地	Varchar(50)		
2120005	人员编号	Varchar(36)		
2120006	姓名	Varchar(50)		
2120007	身份证号	Varchar(18)	GB 11643－1999 公民身份号码	
2120008	人员类型	Varchar(50)		
2120009	项目名称	Varchar(200)		
2120010	文书编号	Varchar(20)		
2120011	获奖类别	Varchar(50)		
2120012	奖项级别	Varchar(50)		
2120013	荣誉内容	Text		
2120014	认定日期	Date		YYYY-MM-DD
2120015	颁发机构	Varchar(50)		
2120016	加分值	Float		
2120017	总分值	Float		
2120018	认定机构	Varchar(50)		
2120019	良好行为名称	Varchar(200)		
2120020	其他	Varchar(500)		
2120021	年度	Int		
2120022	备注	Text		

6.13.3 人员不良行为信息数据元应包含表 6.13.3 中的内容。

表 6.13.3 人员不良行为信息

标识符	中文名	类型	值域	描述
2120101	记录编码	Varchar(36)		PK
2120102	企业名称	Varchar(100)		
2120103	企业编码	Varchar(36)		
2120104	企业属地	Varchar(50)		
2120105	建设单位	Varchar(200)		
2120106	人员编号	Varchar(36)		
2120107	姓名	Varchar(50)		
2120108	人员类型	Varchar(50)		
2120109	身份证号	Varchar(18)	GB 11643 - 1999 公民身份号码	
2120110	项目编码	Varchar(60)		
2120111	项目名称	Varchar(200)		
2120112	项目地址	Varchar(200)		
2120113	发生日期	Date		YYYY-MM-DD
2120114	处罚日期	Date		YYYY-MM-DD
2120115	认定单位	Varchar(200)		
2120116	标题	Varchar(200)		
2120117	内容	Text		
2120118	行为事实	Text		

续表 6.13.3

标识符	中文名	类型	值域	描述
2120119	处罚决定	Text		
2120120	扣分值	Float		
2120121	剩余分值	Float		
2120122	实施阶段	Varchar(50)		
2120123	责任主体类别	Varchar(50)		
2120124	本年度累计记录次数	Varchar(50)		
2120125	其他	Text		
2120126	处罚文件	Varchar(500)		
2120127	备注	Text		

6.13.4 人员信用评价信息数据元应包含表 6.13.4 中的内容。

表 6.13.4 人员信用评价信息

标识符	中文名	类型	值域	描述
2120201	记录编码	Varchar(36)		PK
2120202	企业名称	Varchar(100)		
2120203	企业编码	Varchar(36)		
2120204	企业属地	Varchar(50)		
2120205	人员编号	Varchar(36)		
2120206	姓名	Varchar(50)		

续表 6.13.4

标识符	中文名	类型	值域	描述
2120207	身份证号	Varchar(18)	GB 11643－1999 公民身份号码	
2120208	性别	Boolean	GB/T 2261.1－2003 个人基本信息分类与代码 第1部分：人的性别代码	
2120209	出生日期	Date		YYYY-MM-DD
2120210	证书类型	Varchar(50)		
2120211	证书级别	Varchar(100)		
2120212	证书编号	Varchar(100)		
2120213	注册专业	Varchar(100)		
2120214	评定年度	Int		
2120215	信用分值	Float		
2120216	信用等级	Varchar(50)		
2120217	备注	Text		

6.14 科研成果

6.14.1 科研成果应包括科研发明成果名称、类别、申报日期、批准日期、排名等方面需要交换和共享的数据元。

6.14.2 科研成果数据元应包含表 6.14.2 中的内容。

表 6.14.2 科研成果

标识符	中文名	类型	值域	描述
2130001	成果编码	Varchar(36)		PK
2130002	企业名称	Varchar(100)		
2130003	企业编码	Varchar(36)		
2130004	人员编号	Varchar(36)		
2130005	姓名	Varchar(50)		
2130006	身份证号	Varchar(18)	GB 11643－1999 公民身份号码	
2130007	科研成果名称	Varchar(200)		
2130008	成果类别	Varchar(50)		
2130009	排名	Varchar(10)		
2130010	简要说明	Text		
2130011	申报日期	Date		YYYY-MM-DD
2130012	批准日期	Date		YYYY-MM-DD
2130013	批准单位	Varchar(100)		
2130014	备注	Text		

附录A 属性值字典表

A.0.1 证书状态

表A.1 证书状态

编 码	执 业 状 态
1	有 效
2	注 销
3	暂 扣
4	过 期

A.0.2 人员证件类型

表A.2 人员证件类型

代码	证件类型	代码	证件类型
1	居民身份证	8	护照
2	军官证	9	港澳同胞回乡证
3	武警警官证	10	港澳居民来往内地通行证
4	士兵证	11	中华人民共和国往来港澳通行证
5	军队离退休干部证	12	台湾居民来往大陆通行证
6	残疾人证	13	大陆居民往来台湾通行证
7	残疾军人证（1-8级）	15	外交官证

续表 A.2

代码	证件类型	代码	证件类型
16	领事馆证	22	高校毕业生自主创业证
17	海员证	23	就业失业登记证
18	香港身份证	24	台胞证
19	台湾身份证	25	退休证
20	澳门身份证	26	离休证
21	外国人身份证件	99	其他证件

A.0.3 职称类型及等级

表 A.0.3-1 职称类别

序　号	编　码	类　别
1	10	工程技术类
2	20	经济管理类
3	90	其他

表 A.0.3-2 职称专业

序　号	编　码	专　业
1	1001	建设专业
2	1002	建筑专业
3	1003	规划专业
4	1004	机械专业

续表 A.0.3-2

序号	编码	专业
5	1005	纺织专业
6	1006	轻工专业
7	1007	冶金专业
8	1008	石油化工专业
9	1009	交通运输专业
10	1010	质量技术监督专业
11	1011	水利专业
12	1012	水产专业
13	1013	林业专业
14	1014	环境保护专业
15	1015	广播电影电视
16	1016	工程专业
17	1017	电子信息专业
18	1018	煤炭专业
19	1019	水文(工程、环境)
20	1020	地质专业
21	1021	探矿专业
22	1022	物化探与遥感专业
23	1023	地质实验测试
24	1024	(选矿)专业
25	1025	测绘专业
26	1026	采矿专业
27	1027	土地专业

续表 A.0.3-2

序　号	编　码	专　业
28	1028	岩土工程专业
29	1029	机电专业
30	1030	有色金属
31	1031	化工专业
32	1032	食品专业
33	1033	制药专业
34	1034	饲料专业
35	1035	电力专业
36	1036	电气专业
37	1037	电器专业
38	1038	邮电通讯专业
39	1099	其他
40	2001	国际商务专业
41	2002	经济专业
42	2003	会计专业
43	2004	统计专业
44	2005	审计专业
45	2006	金融专业
46	2007	保险专业
47	2008	税务专业
48	2099	其他

表 A.0.3-3　职称等级码表

编码	正高级名称	编码	副高级名称	编码	中级名称	编码	初（助理）级	编码	初(员级)级
100101	研究员级高级工程师	100102	高级工程师	100103	工程师	100104	助理工程师	100105	技术员
100201	研究员级高级建筑师	100202	高级工程师	100203	建筑师	100204	助理建筑师	100205	技术员
100301	研究员级高级城市规划师	100302	高级建筑师	100303	城市规划师	100304	助理城市规划师	100305	技术员
100401	研究员级高级工程师	100402	高级城市规划师	100403	工程师	100404	助理工程师	100405	技术员
100501	研究员级高级工程师	100502	高级工程师	100503	工程师	100504	助理工程师	100505	技术员
100601	研究员级高级工程师	100602	高级工程师	100603	工程师	100604	助理工程师	100605	技术员
100701	研究员级高级工程师	100702	高级工程师	100703	工程师	100704	助理工程师	100705	技术员
100801	研究员级高级工程师	100802	高级工程师	100803	工程师	100804	助理工程师	100805	技术员
100901	研究员级高级工程师	100902	高级工程师	100903	工程师	100904	助理工程师	100905	技术员
101001	研究员级高级工程师	101002	高级工程师	101003	工程师	101004	助理工程师	101005	技术员
101101	研究员级高级工程师	101102	高级工程师	101103	工程师	101104	助理工程师	101105	技术员

续表 A.0.3-3

编码	正高级名称	编码	副高级名称	编码	中级名称	编码	初（助理）级	编码	初(员级)级
101201	研究员级高级工程师	101202	高级工程师	101203	工程师	101204	助理工程师	101205	技术员
101301	研究员级高级工程师	101302	高级工程师	101303	工程师	101304	助理工程师	101305	技术员
101401	研究员级高级工程师	101402	高级工程师	101403	工程师	101404	助理工程师	101405	技术员
101501	研究员级高级工程师	101502	高级工程师	101503	工程师	101504	助理工程师	101505	技术员
101601	研究员级高级工程师	101602	高级工程师	101603	工程师	101604	助理工程师	101605	技术员
101701	研究员级高级工程师	101702	高级工程师	101703	工程师	101704	助理工程师	101705	技术员
101801	研究员级高级工程师	101802	高级工程师	101803	工程师	101804	助理工程师	101805	技术员
101901	研究员级高级工程师	101902	高级工程师	101903	工程师	101904	助理工程师	101905	技术员
102001	研究员级高级工程师	102002	高级工程师	102003	工程师	102004	助理工程师	102005	技术员
102101	研究员级高级工程师	102102	高级工程师	102103	工程师	102104	助理工程师	102105	技术员
102201	研究员级高级工程师	102202	高级工程师	102203	工程师	102204	助理工程师	102205	技术员
102301	研究员级高级工程师	102302	高级工程师	102303	工程师	102304	助理工程师	102305	技术员

续表 A.0.3-3

编码	正高级名称	编码	副高级名称	编码	中级名称	编码	初（助理）级	编码	初(员级)级
102401	研究员级高级工程师	102402	高级工程师	102403	工程师	102404	助理工程师	102405	技术员
102501	研究员级高级工程师	102502	高级工程师	102503	工程师	102504	助理工程师	102505	技术员
102601	研究员级高级工程师	102602	高级工程师	102603	工程师	102604	助理工程师	102605	技术员
102701	研究员级高级工程师	102702	高级工程师	102703	工程师	102704	助理工程师	102705	技术员
102801	研究员级高级工程师	102802	高级工程师	102803	工程师	102804	助理工程师	102805	技术员
102901	研究员级高级工程师	102902	高级工程师	102903	工程师	102904	助理工程师	102905	技术员
103001	研究员级高级工程师	103002	高级工程师	103003	工程师	103004	助理工程师	103005	技术员
103101	研究员级高级工程师	103102	高级工程师	103103	工程师	103104	助理工程师	103105	技术员
103201	研究员级高级工程师	103202	高级工程师	103203	工程师	103204	助理工程师	103205	技术员
103301	研究员级高级工程师	103302	高级工程师	103303	工程师	103304	助理工程师	103305	技术员
103401	研究员级高级工程师	103402	高级工程师	103403	工程师	103404	助理工程师	103405	技术员
103501	研究员级高级工程师	103502	高级工程师	103503	工程师	103504	助理工程师	103505	技术员

续表 A.0.3-3

编码	正高级名称	编码	副高级名称	编码	中级名称	编码	初（助理）级	编码	初(员级)级
103601	研究员级高级工程师	103602	高级工程师	103603	工程师	103604	助理工程师	103605	技术员
103701	研究员级高级工程师	103702	高级工程师	103703	工程师	103704	助理工程师	103705	技术员
103801	研究员级高级工程师	103802	高级工程师	103803	工程师	103804	助理工程师	103805	技术员
		200102	高级国际商务师	200103	国际商务师	200104	助理国际商务师	200105	外销员
200201	研究员级高级经济师	200202	高级经济师	200203	经济师	200204	助理经济师	200205	经济员
200301	研究员级高级会计师	200302	高级会计师	200303	会计师	200304	助理会计师	200305	会计员
		200402	高级统计师	200403	统计师	200404	助理统计师	200405	统计员
		200502	高级审计师	200503	审计师	200504	助理审计师	200505	审计员
		200602	高级分析师	200603	分析师				
		200702	高级核保师	200703	核保师				
		200802	高级理赔师	200803	理赔师				
		200902	注册税务师	200903	税务师				

A.0.4 建设类职业技能鉴定工种从业类别

表 A.0.4 建设类职业技能鉴定工种从业类别

序号	编码	职业分类	编码	工种
1			20101	砌筑工
2			20102	抹灰工
3	201	土建类	20103	木工
4			20104	混凝土工
5			20105	钢筋工
6			20106	建筑油漆工
7			20107	架子工
8			20108	石工
9			20109	模板工
10	201	土建类	20110	防水工
11			20111	测量放线工
12			20112	试验工
13			20113	建筑电工
14			20201	水暖工
15			20202	工程安装钳工
16			20203	管道工
17	202	安装类	20204	通风工
18			20205	安装起重工
19			20206	筑炉工
20			20207	工程电气设备安装调试工

续表 A.0.4

序号	编码	职业分类	编码	工种
21	203	建筑机械类	20301	推土、铲运机驾驶员
22			20302	挖掘机驾驶员
23			20303	起重机驾驶员
24			20304	塔式起重机驾驶员
25			20305	中小型建筑机械操纵工
26			20306	工程机械修理工
27			20307	打桩工
28	204	装饰类	20401	装饰涂表工
29			20402	装饰金属工
30			20403	装饰镶贴工
31			20404	装饰幕墙工
32			20405	装饰木工
33	205	市政工程类	20501	筑路工
34			20502	下水道工
35			20503	下水道养护工
36			20504	沥青工
37			20505	泵站操作工
38			20506	道路养护工
39			20507	污水处理工
40			20508	沥青混凝土滩铺机操作工
41	206	园林绿化类	20601	绿化工
42			20602	花卉工

续表 A.0.4

序号	编码	职业分类	编码	工种
43	206	园林绿化类	20603	盆景工
44			20604	观赏动物饲养工
45			20605	植保工
46			20606	育苗工
47	207	古建筑类	20701	古建彩画工
48			20702	古建木工
49			20703	古建瓦工
50			20704	古建油漆工
51			20705	假山工
52	208	燃气类	20801	燃气用具安装检修工
53			20802	燃气管道工
54			20803	液化石油气机械修理工
55			20804	燃气输送工
56			20805	燃起用具修理工
57			20806	燃气化验工
58			20807	燃气净化工
59			20808	液化石油气罐区运行工
60			20809	热力司炉工
61			20810	燃气调压工

续表 A.0.4

序　号	编　码	职业分类	编　码	工　种
62	208	燃气类	20811	液化石油钢瓶检修工
63			20812	液化石油气灌瓶工
64			20813	供气营销员
65			20814	燃气表装修工
66	209	供排水类	20901	变配电运行工
67			20902	供水管道工
68			20903	供水设备维修电工
69			20904	机泵运行工
70			20905	污水化验监测工
71			20906	净水工
72			20907	水质检验工
73			20908	水表装修工
74			20909	供水调度员
75			20910	供水营销员
76			20911	供水设备维修钳工
77			20912	供水仪表工

A.0.5 特种作业人员专业

表 A.5 特种作业人员专业

序 号	编 码	专 业
1	301010	建筑电工
2	301020	建筑架工
3	301021	普通脚手架工
4	301022	附着升降脚手架工
5	301030	建筑起重信号、司索工
6	301040	建筑起重机、司机
7	301041	塔式起重机司机
8	301042	施工升降机司机
9	301043	物料提升机司机
10	301044	门式起重机司机
11	301045	桥式起重机司机
12	301046	汽车式起重机司机
13	301050	建筑起重机械安装拆卸工
14	301051	塔机安(拆)工
15	301052	施工升降机安(拆)工
16	301053	物料提升机安(拆)工
17	301054	门式起重机安(拆)工
18	301055	桥式起重机安(拆)工
19	301060	高处作业吊篮安装拆卸工
20	301090	其他

A. 0. 6 注册类型及等级

表 A.0.6 注册类型及等级

序　号	编　码	类型及等级
1	101	一级注册建筑师
2	102	二级注册建筑师
3	103	一级注册结构工程师
4	104	二级注册结构工程师
5	105	注册土木工程师
6	106	注册公用设备工程师
7	107	注册电气工程师
8	108	注册化工工程师
9	109	注册环保工程师
10	110	造价工程师
11	111	注册城市规划师
12	112	房地产经纪人
13	113	房地产估价师
14	114	物业管理师
15	115	一级(临时)注册建造师
16	116	二级(临时)注册建造师
17	117	注册监理工程师

A.0.7 注册人员注册类型及专业

表 A.0.7 注册人员注册类型及专业

序号	编码	类型	编码	专业
1	101	一级注册建筑师	10101	建筑工程
2			10102	公路工程
3			10103	铁路工程
4			10104	港口与航道工程
5			10105	水利水电工程
6			10106	矿业工程
7			10107	市政公用工程
8			10108	通信与广电工程
9			10109	机电工程
10			10110	民航机场工程
11	102	二级注册建筑师	10201	建筑工程
12			10202	公路工程
13			10203	机电工程
14			10204	矿业工程
15			10205	市政公用工程
16			10206	水利水电工程
17	103	一级注册结构工程师	10301	结构
18	104	二级注册结构工程师	10401	结构

续表 A.0.7

序号	编　码	类　型	编　码	专　业
19	105	注册土木工程师	10501	岩土
20			10502	港口与航道工程
21			10503	水利水电工程规划
22			10504	水工结构
23	105	注册土木工程师	10505	水利水电工程地质
24			10506	水利水电工程移民
25			10507	水利水电水土保持
26	106	注册公用设备工程师	10601	暖通空调
27			10602	给水排水
28			10603	动力
29	107	注册电气工程师	10701	发输变电
30			10702	供配电
31	108	注册化工工程师	10801	化工
32	109	注册环保工程师	10901	环保
33	110	造价工程师	11001	造价
34	111	注册城市规划师	11101	规划
35	112	房地产经纪人	11201	房地产经纪
36	113	房地产估价师	11301	房地产估价
37	114	物业管理师	11401	物业管理

续表 A.0.7

序号	编码	类型	编码	专业
38	115	一级(临时)注册建造师	11501	建筑工程
39			11502	公路工程
40			11503	铁路工程
41			11504	港口与航道工程
42			11505	水利水电工程
43			11506	矿业工程
44			11507	市政公用工程
45			11508	通信与广电工程
46			11509	机电工程
47			11510	民航机场工程
48	116	二级(临时)注册建造师	11601	建筑工程
49			11602	公路工程
50			11603	机电工程
51			11604	矿业工程
52			11605	市政公用工程
53			11606	水利水电工程
54	117	注册监理工程师	11701	房屋建筑工程
55			11702	冶炼工程
56			11703	矿山工程
57			11704	化工石油工程
58			11705	水利水电工程

续表 A.0.7

序号	编　码	类　型	编　码	专　业
59	117	注册监理工程师	11706	电力工程
60			11707	农林工程
61			11708	铁路工程
62			11709	公路工程
63			11710	港口与航道工程
64			11711	航天航空工程
65			11712	通信工程
66			11713	市政公用工程
67			11714	机电安装工程

A. 0. 8　其他类人员类别

表 A.0.8　其他类人员类别

序　号	编　码	大　类	编　码	小　类
1	401	三类人员	40101	企业主要负责人
2			40102	项目负责人
3			40103	专职安全负责人
4	402	监理从业人员	40201	全国总监
5			40202	省总监
6			40203	省监理工程师
7			40204	监理员

续表 A.0.8

序号	编码	大类	编码	小类
8	403	专业技术管理人员	40301	安全员
9			40302	材料员
10			40303	资料员
11			40304	施工员
12			40305	预算员
13			40306	质量员
14			40307	机械员
15			40308	测量员
16			40309	试验员
17	404	检测人员	40401	总检测师
18			40402	检测师
19			40403	检测员
20	405	招标代理人员	40501	评标人员
21			40502	从业人员
22			40503	专职人员
23	406	造价人员	40601	造价员
24	407	建造员	40701	建筑工程

续表 A.0.8

序号	编码	大类	编码	小类
25	407	建造员	40702	公路工程
26			40703	机电工程
27			40704	市政公用工程
28			40705	水利水电工程
29	408	项目管理人员	40801	项目管理人员
30	409	企业管理人员	40901	法定代表人
31			40902	总经理
32			40903	总工程师
33			40904	其他负责人
34	410	生产操作人员	41001	生产操作人员

A.0.9 企业类型

表 A.0.9 企业类型

代码	企业类型	代码	企业类型
101	建筑业	108	设计施工一体化
102	工程勘察	109	施工图审图机构
103	工程设计	110	质量检测机构
104	工程监理	111	物业服务
105	招标代理	112	房地产估价
106	房地产开发	113	规划编制
107	园林绿化	114	造价咨询
115	项目管理		

A. 0. 10 隶属关系

表 A.0.10 隶属关系

代 码	企 业 类 型	代 码	企 业 类 型
1	中央在川企业	4	省外企业
2	省直属企业	5	省国资委
3	属地管理企业	9	其他

附录 B　数据交换接口

B. 0. 1　数据下载

四川省工程建设从业人员资源信息基础数据交换，应采用数据交换平台接入方式，详见图 B.1 所示。

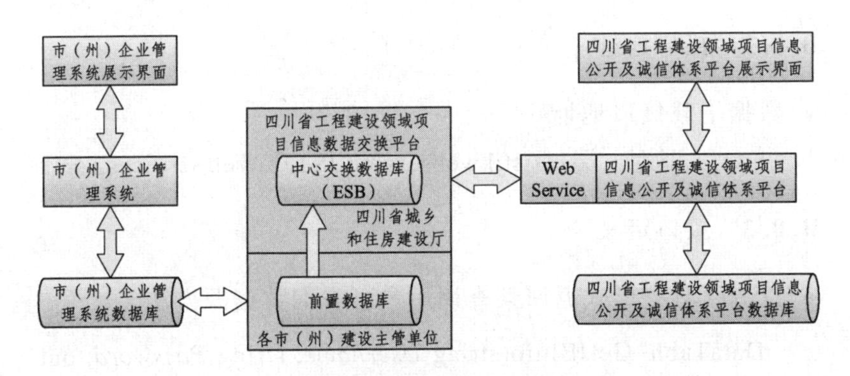

图 B.1　数据交换平台

四川省工程建设领域项目信息数据交换平台集成了传统中间件技术、XML 和 Web 服务等技术，提供了网络中最基本的连接中枢，提供了事件驱动和文档导向的处理模式，以及分布式的运行管理机制，提供了一系列的标准接口，具备复杂数据的传输功能，并支持基于内容的路由和过滤。

四川省工程建设领域项目信息公开及诚信体系平台的数据经过处理后自动迁移到中心交换数据库。市（州）建设主管部门从中心交换数据库中获取数据包链接地址，具体操作步骤如下：

1 市（州）建设主管部门通过数据交换平台验证身份；

2 身份验证成功后，数据交换平台自动将该市（州）相关数据打包；

3 数据交换平台向市（州）用户提供数据包下载地址和下载密码。

B.0.2 接口地址

◆ 数据下载接口地址

http:// 地址：端口/jstjkwebservice/JSTJKWebServices.asmx

B.0.3 接口定义

◆ 以.Net 对象形式返回某查询用户可查询数据源方法

DataTable GetJBInfo(string *Username*, string *Password*, out string *rn*)

UserName	数据源查询用户名，不可为空
Password	数据源查询密码，不可为空
rn	输出变量，OK 表示成功

返回值：返回该用户能查看的所有数据源。

◆ 以.Net 对象形式返回查询用户指定查询数据源的数据

DataTable GetTABLE(string *Username*, string *Password*, string *where*, string *lx*, string *DataSrcName*, out string *rn*)

UserName	数据源查询用户名，不可为空
Password	数据源查询密码，不可为空
Where	查询条件，可为空，格式：字段名=‘值’
Lx	数据库类型，1 表示 Oracle，0 表示 SQLSERVER，不可为空
DataSrcName	数据源名称，不可为空
rn	输出变量，OK 表示成功

返回值：返回某数据源的所有数据，如果 Where 条件不为空时，根据 Where 条件返回查询结果。

♦ 以 XML 形式返回某查询用户可查询数据源方法

String GetDataSrcForXml(string *Username*, string *Password*, out string *rn*)

UserName	数据源查询用户名，不可为空
Password	数据源查询密码，不可为空
rn	输出变量，OK 表示成功

返回值：返回该用户能查看的所有数据源，返回的是 XML 数据。

♦ 以 XML 形式返回查询用户指定查询数据源的数据

String GetTableForXml(string *Username*, string *Password*, string *where*, string *lx*,string *DataSrcName*, out string *rn*)

UserName	数据源查询用户名，不可为空
Password	数据源查询密码，不可为空
Where	查询条件，可为空，格式：字段名=‘值’
Lx	数据库类型，1 表示 Oracle，0 表示 SQLSERVER，不可为空
DataSrcName	数据源名称，不可为空
rn	输出变量，OK 表示成功

返回值：返回某数据源的所有数据，返回的是 XML 数据。如果 Where 条件不为空时，根据 Where 条件返回查询结果。

本标准用词说明

1 为便于在执行本标准条文时区别对待，对要求严格程度不同的用词说明如下：

1）表示严格，非这样做不可的：
正面词采用“必须”，反面词采用“严禁”；

2）表示严格，在正常情况下均应这样做的：
正面词采用“应”，反面词采用“不应”或“不得”；

3）表示允许稍有选择，在条件许可时首先应该这样做的：
正面词采用“宜”，反面词采用“不宜”；

4）表示有选择，在条件下可以这样做的，采用“可”。

2 条文中指明必须按其他标准、规范执行的写法为“应按……执行”或“应符合……的规定”。

引用标准名录

1 《建筑业施工企业管理基础数据标准》，中华人民共和国住房和城乡建设部，2010 年 1 月 8 日。

2 《建筑业企业资质等级标准》（自 2001 年 7 月 1 日起施行），中华人民共和国建设部，2001 年 4 月 20 日。

3 《中华人民共和国职业分类大典》，国家职业分类大典和职业资格工作委员会，1999 年 5 月正式颁布。

4 国家标准《职业分类与代码》（GB6565）。

5 国家标准《全国组织机构代码编制规则》（GB 11714），发布单位：国家技术监督局。

6 全国县及县以上行政区划代码表（国家标准 GB T 2260）。

7 国家标准《建设工程分类标准》（GB/T 50841），中华人民共和国住房和城乡建设部、中华人民共和国国家质量监督检验检疫总局，2013 年 5 月 1 日。

8 《建筑抗震设计规范》（GB 50011 – 2010），中华人民共和国住房和城乡建设部，2010 年 12 月 1 日。

四川省工程建设地方标准

四川省工程建设从业人员资源信息数据标准

DBJ 51/T 028 – 2014

条 文 说 明

目　次

1 总 则

1.0.1 随着国家和住房城乡建设信息化的快速推进，住房城乡建设事业的迅猛发展，行业信息资源的开发利用迫切需要统一的数据标准，以提高数据的规范化程度，构筑数据共享的基础，实现多元信息的集成整合与深度开发。本标准的编制目的，是为了实现四川省工程建设从业人员资源信息的标准化和规范化。

2 术 语

2.0.4 数据元定义的有关规定含义如下：

1 描述的确定性指编写定义时，要阐述其概念是什么，而不是仅阐述其概念不是什么。因为，仅阐述其概念不是什么并不能对概念作出唯一的定义。

2 用描述性的短语或句子阐述是指用短语来形成包含概念基本特性的准确定义。不能简单地陈述一个或几个同义词，也不以不同的顺序简单地重复这些名称词。

3 缩略语通常受到特定环境的限制，环境不同，同一缩写也许会引起误解或混淆。因此，在特定语境下使用缩略语不能保证人们普遍理解和一直认同时，为了避免词义不清，应使用全称。

4 表述中不应加入不同的数据元定义或引用下层概念，是指在主要数据元定义中不应出现次要的数据元定义。

2.0.11 数据元值域是指允许值集合中的一个值，是值域中的一个元素。值域可分为两种方式：非穷举域和穷举域。

1 非穷举域

比如数据元“项目投资规模”的值域是一个数字型表达的有效值集。这是一个非穷举域的集合。例如：2 008 559.90、2 990 335.54、6 342 123.52、……

2 穷举域

如国籍代码这个数据元中，值域为《世界各国和地区名称代码》(GB/T 2659－1994)，其中穷举域为“中国、巴西、美国……”，在此，每个数据值可以有一个他们唯一的代码(如：CHN 代表中国、BRA 代表巴西、USA 代表美国……)。这种代码的用处在于为与数据实例相关的名称在各种语言系统和不同系统之间交换提供可能。

3 数据元组成

3.0.1 本标准数据元描述方法依据现行国家标准《信息技术 数据元的规范与标准化》(GB/T 18391)确定。《信息技术数据元的规范与标准化》规定数据元的基本属性中，本标准采用其中的5个，即标识符、中文名、类型、值域、描述等属性内容。数据元属性描述的选择，应根据实际需要进行，数据元标识符、中文名、类型为必选属性描述，值域、描述为备选属性描述，只有在需要时才对数据元的值域、描述属性赋值。

3.0.2 保持唯一性是指任意两个数据元之间，不能有相同的标识符、名称和定义。

5 数据元描述

5.0.1 数据元标识符由分类代码和数据元在该分类中的编号共 6 位数字代码组成，以保证数据元标识符的唯一性。编号统一规定为4位数字码，一是为了保持数据元标识符长度的一致；二是考虑了发展的需要，为今后可能增加的数据元预留一部分编号空间。编号从 0001 开始递增可使数据元标识符的编码具有一定的规律性，可充分利用编号空间且避免出现重号。